NONGCUN FANGLEI ZHISHI DUBEN

农村防雷知识读本

本书编写组 编

气象出版社

图书在版编目(CIP)数据

农村防雷知识读本/《农村防雷知识读本》编写组编.
—北京:气象出版社,2008.3(2016.5 重印)
ISBN 978 - 7 - 5029 - 4472 - 8

Ⅰ. 农… Ⅱ. 农… Ⅲ. 防雷 - 基本知识 Ⅳ. P427.32

中国版本图书馆 CIP 数据核字(2008)第 020703 号

出 版 者:气象出版社　　　　　地　　址:北京市海淀区中关村
　　　　　　　　　　　　　　　　　　　　　　南大街 46 号
网　　址:www. qxcbs. com　　　邮　　编:100081
E - mail:qxcbs@ cma. gov. cn　　电　　话:010 - 68407112
策　　划:陈云峰　吴晓鹏　　　终　　审:陈云峰
责任编辑:吴晓鹏　　　　　　　版式设计:李勤学
封面设计:阳光图文工作室
责任校对:王丽梅
印　　刷:北京中新伟业印刷有限公司
出版发行:气象出版社
开　　本:787mm×1092mm　　1/32
版　　次:2008 年 3 月第 1 版　2016 年 5 月第 8 次印刷
印　　张:0.75　　字数:19 千字
定　　价:2.50 元

目 录

Contents

雷电基本知识

雷电是什么……1

雷电的危害……2

雷击的形式……3

易被雷电袭击的对象……4

雷电预警知识

雷电预警信号的获取方式……6

雷电预警信号……6

个人防雷常识

室外防雷须知……9

室内防雷须知……12

财产防雷知识

房屋防雷要点……14

家用电器防雷要点……15

牲畜防雷要点……16

雷击急救知识

呼吸停止（人工呼吸）……17

心跳停止（胸外按压）……18

心跳呼吸全无（心肺复苏）……18

急救电话……19

雷电基本知识

炎炎夏日，天空中的乌云越积越多，突然一道耀眼的闪电划破天空，轰隆的雷声紧接而至，让人毛骨悚然。难道真是"雷公电母"发威了吗？

雷电是什么

雷电（闪电）是大气中发生的剧烈放电现象，通常在雷雨云（积雨云）情况下出现，对人类活动和生命安全有较大威胁。其放电时会产生大量的热量，使周围的空气急剧膨胀，形成隆隆雷声。

雷电的危害

伤人

击毁飞机

引发森林火灾

击毁建筑物

击毁高压线

在电闪雷鸣的时候，由于雷电释放的能量巨大，瞬间能使局部空气温度升高至数千度以上，冲击电流大，其电流可高达几万到几十万安培。雷电的冲击电压高，强大的电流产生交变磁场，其感应电压可高达万伏。它产生的冲击压力也大，空气的压强可高达几十个大气压，常常造成人畜伤亡，建筑物损毁、引发火灾以及造成电力、通信和计算机系统的瘫痪事故，给国民经济和人民生命财产带来巨大的损失。

雷击的形式

雷击一般有直接雷击和间接雷击两种形式。

◆ 直接雷击(包括雷电直击、雷电侧击)：在雷电活动区内，雷电直接击中人体、建筑物、设备等。

◆ 间接雷击：所谓间接雷击是指雷电未直接击中物体，但雷电流以雷电波侵入、雷电反击等形式侵入建筑物内，导致建筑物、设备损坏或人身伤亡的电击现象。

此外，像火球一样的球形雷，会蹿入室内，造成伤害事故。

🎥 案例回放

泰山玉皇顶上的球雷

1962年7月的一个傍晚，泰山玉皇顶上电闪雷鸣，一个直径约15厘米的红色火球破窗进入一间小屋，窗户的木条被撕裂，火球却完好无损。火球以每秒两三米的速度在屋内轻盈地游荡，时高时低。大约三四秒钟后，火球钻进烟囱，发生爆炸，将烟囱炸掉一角，火球也消失了。

易被雷电袭击的对象

　　雷电"喜爱"在尖端放电，所以在雷雨交加时，人在旷野上行走，或打着带金属杆的伞，或骑在摩托车上，或在电线杆、大树下躲雨，就容易成为放电的对象而招来雷击。建筑物的顶端或棱角处，也很容易遭受雷击；此外，金属物体和管线都可能成为雷电的最好通路。

易遭受雷击的建筑物和物体

◆ 高耸突出的建筑物，如水塔、电视塔、高耸的广告牌等；

◆ 内部有大量金属设备的房屋，比如计算机房；

◆ 孤立、突出在旷野的建筑物以及自然界中的树木；

◆ 电视机天线和屋顶上的各种金属突出物，如旗杆等；

◆ 建筑物屋面的突出部位和物体，如烟囱、管道、太阳能热水器，还有屋脊和檐角等。

雷电预警知识

雷电预警信号的获取方式

拨打电话

电视广播

互联网

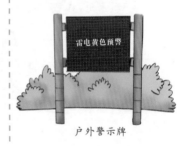

户外警示牌

雷电预警信号

雷电预警信号分三级，分别以黄色、橙色、红色表示。

（一）雷电黄色预警信号

图标：

6小时内可能发生雷电活动，可能会造成雷电灾害事故。

防御指南：

◆ 政府及相关部门按照职责做好防雷工作；

◆ 密切关注天气，尽量避免户外活动。

（二）雷电橙色预警信号

图标：

2小时内发生雷电活动的可能性很大，或者已经受雷电活动影响，且可能持续，出现雷电灾害事故的可能性比较大。

防御指南：

◆ 政府及相关部门按照职责落实防雷应急措施；

◆ 人员应当留在室内，并关好门窗；

◆ 户外人员应当躲入有防雷设施的建筑物或者汽车内；

◆ 切断危险电源，不要在树下、电杆下、塔吊下避雨；

◆ 在空旷场地不要打伞，不要把农具、羽毛球拍、高尔夫球杆等扛在肩上。

（三）雷电红色预警信号

图标：

2小时内发生雷电活动的可能性非常大，或者已经有强烈的雷电活动发生，且可能持续，出现雷电灾害事故的可能性非常大。

防御指南：

◆ 政府及相关部门按照职责做好防雷应急抢险工作；

◆ 人员应当尽量躲入有防雷设施的建筑物或者汽车内，并关好门窗；

◆ 切勿接触天线、水管、铁丝网、金属门窗、建筑物外墙，远离电线等带电设备和其他类似金属装置；

◆ 尽量不要使用无防雷装置或者防雷装置不完备的电视、电话等电器；

◆ 密切注意雷电预警信息的发布。

个人防雷常识

　　2006年7月31日中午，河北省馆陶县出现雷雨天气，孩寨村农民贾某、王某夫妇在地里干农活时，突遇降雨，遂至地头两棵榆树下避雨，不幸遭雷击，致使王某当场死亡，头部、手心、手臂呈乌黑色。贾某被击昏，十多分钟后苏醒。

室外防雷须知

　　◆ 到野外劳作前，要注意收听、收看天气预报，看云识天，判断是否会出现雷电天气。

　　◆ 雷电天气发生时，应迅速躲入有防雷装置保护的建筑物内，或者很深的山洞里面。

　　◆ 应远离树木、电线杆、烟囱等高耸、孤立的物体。

案例回放

2004年6月26日下午，浙江省临海市杜桥镇杜前村30多名村民雨天聚集在村里的大树下聚众赌博，被一道突如其来的雷电击中，当场造成11人死亡。

◆ 不宜在铁栅栏、金属晒衣绳、架空金属体以及铁路轨道附近停留。

◆ 不宜进入无防雷装置的野外孤立的棚屋、岗亭等建筑物内。

◆ 应远离输配电线、架空电话线等。

◆ 头顶电闪雷鸣时（俗称"炸雷"），如果找不到合适的避雷场所时，应找一块地势低的

10

农村防雷知识读本

地方，尽量降低重心和减少人体与地面的接触面积，可蹲下，双脚并拢，手放膝上，身向前屈，临时躲避，千万不要躺在地上，如能披上雨衣，防雷效果就更好。

◆ 雷电天气发生时，大家不要集中在一起，也不要牵着手靠在一起。

◆ 在空旷场地不要使用有金属尖端的雨伞，不要把铁锹、锄头、钓鱼竿等工具扛在肩上。

◆ 如果在游泳或在小船上，应马上上岸，即便是在大的船上，也应躲到船舱里。

◆ 切勿进行水上活动，如捕鱼、稻田作业等，尽快离开水面以及其他空旷场地，寻找有防雷装置的地方躲避。

◆ 不宜开摩托车、骑自行车赶路，打雷时切忌狂奔。

室内防雷须知

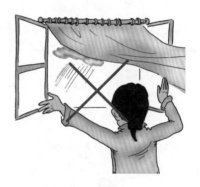

● 一定要关闭好门窗。

● 尽量远离金属门窗、金属幕墙、有电源插座的地方，不要站在阳台上。

● 在室内不要靠近、更不要触摸任何金属管线，包括水管、暖气管、煤气管等等。

● 房屋如无防雷装置，在室内最好不要使用任何家用电器，包括电视机、有线电话、收音机、洗衣机等，最好拔掉所有的电源插头。

　　● 特别提醒：在雷雨天气不要洗澡，尤其不能用太阳能热水器洗澡。

财产防雷知识

案例回放

2004年5月27日，重庆市某县一村民新建住房塑钢窗遭受雷击。据该村民介绍，当天雷雨交加，只听到"咔嚓"一声巨响，感觉像地震一样，发现窗户外面有碎瓷砖和混凝土掉下。雨停后到院子一看，发现窗户外墙体多处炸裂，瓷砖脱落掉下，所幸当时无人员经过，未造成人员伤亡。

房屋防雷要点

◆ 房屋不要建在空旷的高地、山坡上；

◆ 房屋不要建在大树附近，或在房屋周围栽种大树；

◆ 电线杆、烟囱等高耸物体不要建在房屋周围；

◆ 装于屋顶或屋顶附近的电视室外接收天线和太阳能热水器，应加装防雷装置，以免其引雷击损房屋。

 案例回放

2005年5月13日，河北省滦南县一村民家遭雷击，屋内起火，损失惨重。屋内家电（电视、组合音响、冰箱、电话、洗衣机、缝纫机、锁边机、煤气灶等）、家具（组合家具）、被褥、衣服等全部被烧毁，幸好家中无人，避免了人员伤亡。

家用电器防雷要点

◆ 遇雷雨天气应拔下电视机的电源插头和天线插头；

◆ 打雷时不要打电话，并拔下电话插头，待雷电停止半小时后再接好电话；

◆ 不要使用洗衣机、微波炉、电扇等其他电器设备，并拔下电源插头；

◆ 最好在自家入户主线上加装空气开关,当长期外出或预报有雷雨天气时，关掉电源开关，以防家里没有人时家用电器遭受雷击；

◆ 家用电器的安装位置应尽量离外墙或柱子远些。

2006年6月12日晚上，河北省宁晋县东汪镇某奶牛养殖场遭受雷击，雷击造成30头盛产期奶牛死亡，3头奶牛被击伤。

牲畜防雷要点

◆ 雷电天气发生前，牲畜要停止作业，尤其是水上作业，尽快赶回圈棚；

◆ 牲畜圈棚不要建在大树、电线杆、烟囱等高耸物体周围；

◆ 不要将牲畜拴在大树和电线杆上。

雷击急救知识

被雷击中的受伤者，常常会发生心脏突然停跳、呼吸突然停止的现象，这可能是一种雷击致"假死"的现象。要立即组织现场抢救，将受伤者平躺在地，进行口对口的人工呼吸，同时要做胸外按压或心肺复苏。如果不及时抢救，受伤者就会因缺氧死亡。另外，要立即呼叫急救中心，由专业人员对受伤者进行有效的处置和抢救。

呼吸停止（人工呼吸）

首先，让伤病员仰卧，将其头后仰，确保呼吸道通畅。若其口内有血块、呕吐物、假牙等异物时，应尽快取出。随后作人工呼吸，抢救者先深吸一口气，然后捏住患者的鼻子，口对口像吹气球那样为其送气，注意不要漏气。每隔5秒吹一次气，反复进行。遇到嘴张不开或口腔有严重外伤者时，可从其鼻孔送气作人工呼吸。

17

心跳停止（胸外按压）

先让患者躺在硬板床或平整的地上，解开其上衣，抢救者将一只手的掌根置于其胸骨下三分之一的位置，另一只手重叠压在手背上。抢救者两臂保持垂直，以上身的重量连续向下按压，频率为每分钟70次左右。按压时，用力要适中，以每次按压使胸骨下陷3~5厘米为度。注意，手掌始终不要脱离按压部位。

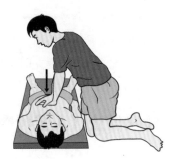

心跳吸吸全无（心肺复苏）

呼吸和心跳停止后，大脑很快会出现缺氧，4分钟内将有一半的脑细受损。超过5分钟再施行心肺复苏，只有1/4的人可能救活。

实施心肺复苏时，首先用拳头有节奏地用力叩击患者前胸左乳头内侧的心脏部位2~3次，拳头抬起时，离胸部20~30厘米，以掌握

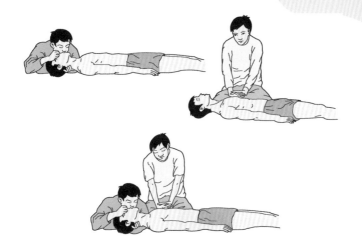

叩击的力量。若脉搏仍未恢复搏动，应立即连续做 4 次口对口人工呼吸，接着再做胸外心脏按压。一人施行心肺复苏时，每做 15 次心脏按压，再做 2 次人工呼吸。两人合作进行心肺复苏时，先连做 4 次人工呼吸，随后，一人连续做 5 次心脏按压后停下，另一人做一次人工呼吸。

19

急救电话

"120" 拨打方法

　　"120"电话是国际通用的医疗救护电话，是居民日常生活中寻求医疗急救的专用电话。

◆ 拨通"120"电话后，应再问一句："请问是医疗救护中心吗?"以免打错电话。

◆ 说清楚需要急救者的住址或地点、年龄、性别和病情，以利于救护人员及时迅速地赶到急救现场，争取抢救时间。

◆ 说清楚自己的姓名和联系电话号码，以便救护人员与你保持联系。

若雷击引发火灾，及时拨打"119"，说清楚起火地的地址。